BEI GRIN MACHT SICH IHR WISSEN BEZAHLT

- Wir veröffentlichen Ihre Hausarbeit,
  Bachelor- und Masterarbeit

- Ihr eigenes eBook und Buch -
  weltweit in allen wichtigen Shops

- Verdienen Sie an jedem Verkauf

Jetzt bei www.GRIN.com hochladen
und kostenlos publizieren

Impressum:

Copyright © 2007 GRIN Verlag, Open Publishing GmbH
Druck und Bindung: Books on Demand GmbH, Norderstedt Germany
ISBN: 9783668013315

Dieses Buch bei GRIN:

http://www.grin.com/de/e-book/139623/geologie-und-eiszeitformen-auf-ruegen-
entstehung-der-insel-und-vorkommen

Andy Schober

Geologie und Eiszeitformen auf Rügen. Entstehung der Insel und Vorkommen von Eiszeitformen in ihrer Region

GRIN Verlag

Exkursion Nord- Mitteldeutschland

Geologie und Eiszeitformen auf Rügen

Seminararbeit

vorgelegt von:

Andy Schober

Inhaltsverzeichnis

1   Einleitung

Rügen ist mit einer Fläche von 926 km² (BÜTOW & LAMPE 1991:131) die größte sowie gleichzeitig auch die vielgestaltigste und geomorphologisch interessanteste Insel Deutschlands. Die höchste Erhebung auf Rügen ist der Piekberg (161m+NN), welcher sich auf der Halbinsel Jasmund befindet. Der nördlichste Punkt Rügens ist Gell-Ort und nicht, wie die meisten denken, Kap Arkona. Auf Rügen ergibt sich eine landschaftliche Großgliederung in den flach-wellig bis ebenen Teil, der als „Niederrügen" bezeichnet wird und westlich der Linie Altenkirchen – Bergen – Putbus gelegen ist, sowie den sich östlich dieser Linie befindlichen Teil – „Hochrügen", mit deutlich stärkerer Reliefenergie (BÜTOW & LAMPE 1991:131). Laut REINICKE (2004:7) denkt ein Jeder bei der Erwähnung des Namens an weiße Kreidefelsen, Dünen wohin das Auge reicht, an endlos lange Sandstrände und im Gegensatz dazu an schmale, geröllreiche Strände vor lehmigen Steilufern. Genau diese Vielfalt der unterschiedlichsten Landschaftsformen auf diesem kleinen Raum, ist der Grund für die Beliebtheit der Insel bei den Touristen. Dabei ist Rügen mit seinen Stränden nicht nur im Sommer ein Besuchermagnet, sondern auch zu jeder Jahreszeit, bei jedem Wetter. Rügens Küsten wirken an sich attraktiv, sowohl auf Besucher, als auch auf Einheimische. Es werden längst vergessene Triebe wieder neu geweckt – der angeborene Sammeltrieb unserer Vorfahren. Ein jeder Strandwanderer kann sich wohl kaum dem Bedürfnis entziehen am Boden nach etwas zu suchen. Gemäß NESTLER (2002:5) besuchen jährlich Zehntausende Touristen aus Gebieten der ganzen Welt die Schreibkreide an den Steilufern von Jasmund und Wittow. Dort sammeln sie die Fossilien mit regem Interesse, die am Geröllstrand zu finden sind und nehmen sie als Souvenir mit nach Hause. Schnell wächst schließlich das Bedürfnis, die gesammelten Steine exakt zu benennen und ein neuer Amateurpaläontologe ist geboren.
Die Strände auf Rügen sind wie Geschichtsbücher und ein jeder Stein könnte eine endlos lange Geschichte erzählen. Aber nicht nur kleine Steine sind erdgeschichtliche Zeugen. Auch große Steine (Findlinge) oder sogar ganze Landschaftsflächen weisen auf Spuren der Geschichte, insbesondere der Eiszeit, hin. Und wenn man die Augen aufhält und aufpasst, kann man viele Überbleibsel der Eiszeit finden und genau mit diesem Thema beschäftigt sich diese Arbeit. Zu Beginn werde ich auf die Entstehung bzw. die Geologie Rügens eingehen. Danach werde ich einen Überblick über die regionale Verteilung der eiszeitlichen Formen auf Rügen geben und zum Schluss ein paar zusammenfassende Bemerkungen anführen.

2   Entstehung von Rügen

Die Entwicklung Rügens reicht noch bis in die Oberkreide, vor ca. 70 bis 80 Millionen Jahren, zurück (LUDEWIG 2007:o.S.). Zur damaligen Zeit war das, was heute Rügen ist, vom Weltmeer der Oberkreide bedeckt. Durch die Ablagerung von gefälltem Calcit sowie der Schalen von fossilen Kleinlebewesen, wie Coccolithen der Coccolithophoriden und den Schalen der Kammerlinge (Foraminifera), entstand in einer Meerestiefe von 200 – 400 m und über Jahrmillionen hinweg eine kalkhaltige Sedimentschicht mit einer Mächtigkeit von stellenweise 400 Metern (LUDEWIG 2007:o.S., IKZM-D 2003:o.S.). Gemäß DUPHORN et al. (1995:178f.) erfolgte die Sedimentation in der „niederländisch-baltischen-Rinne", eine Art „intercontinental seaway" mit einer Breite von ca. 100 km zwischen Südschweden und dem Harz.

Am Ende der Kreidezeit, also ca. vor 65 Millionen Jahren, mit dem Beginn der Erdneuzeit, das Tertiär, zieht sich das Meer zunehmend zurück. Am Ende des Tertiärs kommt es im heutigen Skandinavischen Raum zu einer erheblichen Abkühlung und Gletscher sowie starke Niederschläge gehen einher. Diese Gletscher dringen über den Ostseeraum hinweg noch teilweise bis zu unseren Mittelgebirgen vor und hinterlassen gewaltige Ablagerungen. In der darauf folgenden Zeit (Pleistozän) gab es drei Kälteperioden (siehe Abbildung 1). Zum einem die Elster-, dann die Saale- und zuletzt die Weichseleiszeit, die immer wieder verschiedene Gletschervorstöße mit sich brachten (IKZM-D 2003:o.S.).

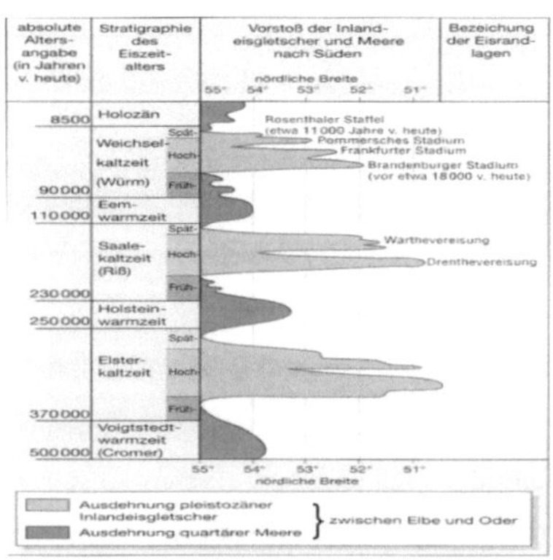

Abb. 1: Eiszeiten und Warmzeiten

(Quelle: BAUER et al. 2002:178)

An den Steilufern von Wittow und Jasmund erkennt man deutlich, wie die Kreide aus einzelnen, gegeneinander verstellten Komplexen besteht (NESTLER 2002:13). Nach DUPHORN et al. (1995:175f.) ist der ständige Wechsel von mächtigen Kreide-Komplexen und zwischengeschalteten Pleistozän-Streifen, deren Lagerungsverhältnisse sichtbar gestört sind, das auffälligste Merkmal der beiden Küstenaufschlüsse. Die Ursachen für diese komplizierte Anordnung der Sedimente und Gesteine liegen darin, dass die Kreideablagerungen aus dem Unter-Maastricht eine erste Formgebung durch Fremdeinwirkung der alpidischen Gebirgsbildung erhielten. Die Kreide zerbrach in Schollen und wurde aufgeschoben. Gemäß DUPHORN et al. (1995:176) und KATZUNG (2004:187f.) wurden dann durch eistektonische und glazialdynamische Vorgänge des vorrückenden Gletschers die Kreidekomplexe abgeschürft und in die Schichten des Pleistozäns eingeschuppt oder in einer schrägen Lage aneinander gestapelt. Somit waren die Gletscher mit an der vertikalen Verschiebung der Kreideschollen verantwortlich und mit dem Vorrücken des Eises, der verschiedenen Kaltzeiten, kam es zu neuen Ablagerungen von Geschiebemergel (IKZM-D 2003:o.S.). Das Ergebnis sind schließlich die bereits erwähnten, gegeneinander verstellten Kreidekomplexe (siehe Abbildung 2), mit den Geschiebemergeln M1 und M2, die jeweils einen Gletschervorschub verdeutlichen. Über das älteste Pleistozän (M1), dem jüngeren Pleistozän (M2) und der Kreide, liegt schließlich diskordant der mehr oder weniger horizontal liegende Geschiebemergel M3, dem jüngsten weichselzeitlichen Geschiebemergel (NESTLER 2002:13-15, DUPHORN et al. 1995:176f.)

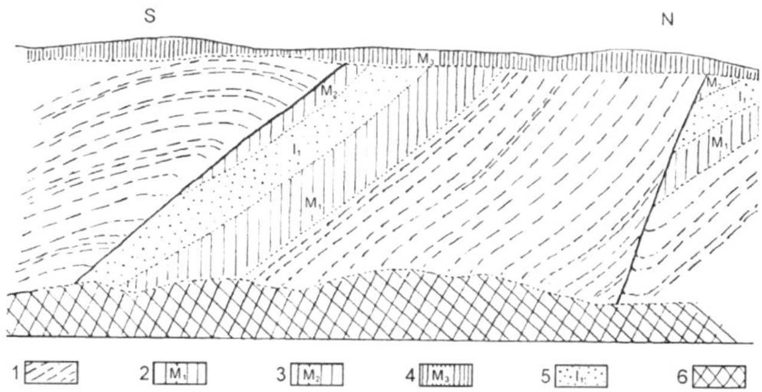

Schematische Darstellung der Lagerungsverhältnisse von Kreide, älterem und jüngerem Pleistozän. 1 Kreide mit Feuersteinen, 2 älterer Geschiebemergel M₁, 3 mittlerer Geschiebemergel M₂, 4 jüngster Geschiebemergel M₃, 5 Interglazial I₁, 6 Schuttmassen.

Abb. 2: Darstellung der Lagerungsverhältnisse der Kreide

(Quelle: NESTLER 2002:14)

Innerhalb der Weichsel-Kaltzeit gab es vier Gletschervorstöße und beim letzen Gletschervorstoß, dem Inlandeis der Ostrügenstaffel (siehe Abbildung 3) vor ca. 10000 Jahren, wurden die bereits geformten, präquartären Hochlagen Rügens (Wittow, Jasmund, Granitz, Mönchgut, Zicker und Thiessowals) nicht mehr „überfahren" und wirkten als eine Art „Strompfeiler", bzw. als Eisscheide (GEIßLER 2005:16, BÜTOW & LAMPE 1991:131). Das Eis wurde geteilt und schob sich zwangsweise um die Hochlagen herum. Es entsteht somit der nördliche Beltsee-Eisstrom, der in Richtung Westen verläuft sowie der Oder-Eisstrom, der die südliche Richtung einschlägt und sich im Osten der zukünftigen Insel entlang schiebt. Der Rand des Eises der abgespaltenen Loben löst sich später in Gletscherzungen auf und schiebt sich auch zwischen die einzelnen Hochlagen. Es bilden sich schließlich Endmoränenlandschaften (IKZM-D 2003:o.S., GEIßLER 2005:16). Insbesondere in diesem Fall entstehen solche Landschaftsformen, die entsprechend ihrem Charakter nach als Stapel-, Stau- oder Stauchmoränen bezeichnet werden (DUPHORN et al. 1995:176).

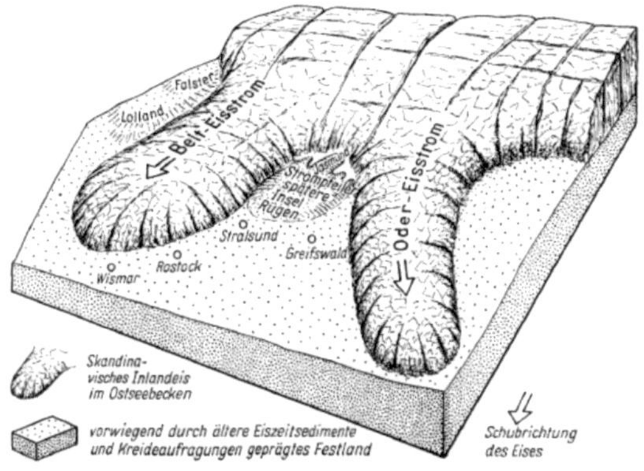

Abb. 3: Rügen als Strompfeiler

(Quelle: verändert nach http://www.tu-dresden.de/biw/geotechnik/geologie/studium/ download/reggeol/abschnitt32.pdf)

Jeweils zwischen den Kälteperioden lagen Wärmeperioden bei denen das Eis teilweise abschmälzte und vereinzelte Gebiete des Ostseeraums wurden mit Meer bedeckt. Mit der anschließenden Erwärmung vor etwa 7000 Jahren, schmilzt das Eis komplett ab und die Moränenrücken bilden vereinzelte Inselkerne (Wittow, Jasmund, Granitz, Mönchgut, Zicker und Thiessowals) (IKZM-D 2003:o.S.).

In den darauf folgenden Jahren nagte die Brandung wie ein Zahn an den Inselkernen. Diese werden an ihren Außenseiten erodiert (Abrasion) und es entstanden Steilufer. Der weiße Kalk wird freigelegt, so wie es insbesondere auf Jasmund und am Kap Arkona zu sehen ist (IKZM-D 2003:o.S.). Das erodierte Material wird durch bestimmte Küstenströmungen, die auch zum Teil Wind bedingt entstehen, wieder im Strömungsschatten angelagert (Anlandung) und im Zeitraum vor 3000 bis 2000 Jahren entstehen Nehrungen, die die Inselkerne miteinander verbinden. Schließlich wachsen Wittow, Jasmund, Mönchgut sowie das zentrale Rügen zusammen und die Bodden werden vom Meer abgetrennt. Jedoch ist die Form Rügens niemals gleich und noch heute kommt es zu Verschiebungen, bzw. Landversetzungen. Besonders gravierend sind solche Veränderungen nach Sturmfluten anzutreffen, wie z.B. die Sturmflut von 1872, die den südlichen Teil von Hiddensee in zwei Hälften spaltete. Seit jeher ist dies, vor allem bei Arkona, am Kreidekliff von Jasmund sowie am Dornbusch auf Hiddensee zu beobachten. (GEIßLER 2005:16, KATZUNG 2004:315).

3   Regionale Verteilung von Eiszeitformen auf Rügen

Wie bereits in den vorherigen Ausführungen erwähnt, war für die Formgebung auf Rügen vor allem das Eis verantwortlich. Beim Durchzug eines Gletschers über ein Gebiet hinterlässt dieser ein typisches Landschaftsbild – die Glaziale Serie. Nach LESER ET AL. (2001:276) ist die Glaziale Serie die naturgesetzliche Abfolge von Georeliefformen im Bereich des Gletschers und seines Vorlandes durch Eisbewegung und durch die vom Schmelzwasser des Eises ausgelöste Hydrodynamik. Die typische Abfolge der Landschaftsformen einer Glazialen Serie ist Grundmoräne, Endmoräne, Sander und Ursprungtal. Insbesondere auf Rügen sind Grund- und Endmoränenlandschaften, sowie deren Sonderformen, anzutreffen. Zu den Sonderformen der Grundmoränenlandschaft auf Rügen zählen **Zungenbecken, Toteisfelder und Oser.**

Wie in den vorherigen Ausführungen bereits erwähnt, gab es drei große Eisvorstöße. Auf dem Gebiet was heute Rügen darstellt, wurden bereits in den beiden ersten großen Eiszeiten vor etwa 120000 bis 130000 Jahren, durch die skandinavischen Inlandgletscher, Sedimente abgelagert. Jedoch wirklich verantwortlich für die Landschaftsprägung Rügens waren vor allem die Gletscher der jüngsten Eiszeit, die so genannte Weichsel-Kaltzeit. Sie hinterließ beim Durchzug über das Land eiszeitliche Formen wie End- und Grundmoränen, Gletscherzungen- sowie Toteisbecken, Sölle, Oser, Geschiebe, Schmelzwasserrinnen und andere glaziale Sonderformen (IKZM-D 2003:o.S.).

Nach BÜTOW & LAMPE (1991:131f.) wurde der spätweichselglaziale Gletscherrückgang wiederholt durch Vorstöße und Stagnationsphasen unterbrochen, was morphologisch unterschiedlich hervortretende Eisrandlagen bildete. Zeugen dafür sind vor allem (siehe Abbildung 4) die Teilstaffeln des Velgast-Südrügener Vorstoßes, die Mittelrügener Stillstandsstaffel und die mit einer hohen Reliefenergie ausgestatte Nordrügener Vorstoßstaffel.

Durch das Abschmelzen des Beltsee-Eisstroms auf Westrügen bildeten sich Toteisfelder und eine Grundmoränenebene mit leicht welligem Gelände. Für die Landschaftsformung Ostrügens hat vor allem der Oder-Eisstrom eine große Bedeutung. In dem Bereich von Jasmund bis Mönchgut hatte das Eis eine so große Aktivität, dass die Landschaft wie Ton modelliert wurde. Eine Gletscherzunge bzw. ein Abbruchgletscher des Oder-Eisstroms hinterließ in Richtung Westen mehrere Becken, die Teilweise eine Tiefe von bis zu 20 Metern aufweisen. Bereits die ersten Gletschervorstöße der Nordrügenstaffel formten auf Ostrügen Gletscherzungenbecken sowie Grund- und Stauchmoränen. Diese Moränen bringen vor allem feinen Geschiebemergel sowie die uns bekannten Findlinge aus dem skandinavischen Raum mit sich (IKZM-D 2003).

Insbesondere an der Stelle auf Jasmund wo sich der Belt- und Odereisstrom zusammen vorbei schub, konnten nun die pleistozänen Gletscher eistektonisch sowie glazialdynamisch wirken und somit die Kreide zusammen mit schon vorhandenen Geschiebemergeln verschuppen. Dabei entstanden typische Lagerungsformen wie Stau-, Strauch und Stapelmoränen. Strauchmoränen sind insbesondere auch deutlich am Steilufer des Granitzer Ortes zwischen Binz und Sellin zu sehen. Auch auf der im südöstlichen Teil Rügens befindlichen Halbinsel Mönchgut sind die Strauchendmoränen der typische Landschaftsgestalter. Diese wurden ebenso durch die Nordrügener-Staffel geformt und werden auch von tief eingeschnittenen Gletscherzungenbecken begleitet. Insbesondere Mönchgut wird auch als Toteiszerfallslandschaft bezeichnet (siehe Abbildung 4) (REINICKE 2004:42, GEIßLER 2005:19).

In Abbildung 4 sieht man abschließend auch sehr schön den Verlauf der Stauchmoränen der in fünf Teilstaffeln gegliederten Nordrügen-Ostusedomer Eisrandlage (H) mit tief ausgeschürften Zungenbecken (z.B. großer und kleiner Jasmunder Bodden), sowie den typisch für Endmoränen girlandenartigen Verlauf und die Lage verschiedener Oser (LIEDTKE & MARCINEK 2002:416f.)

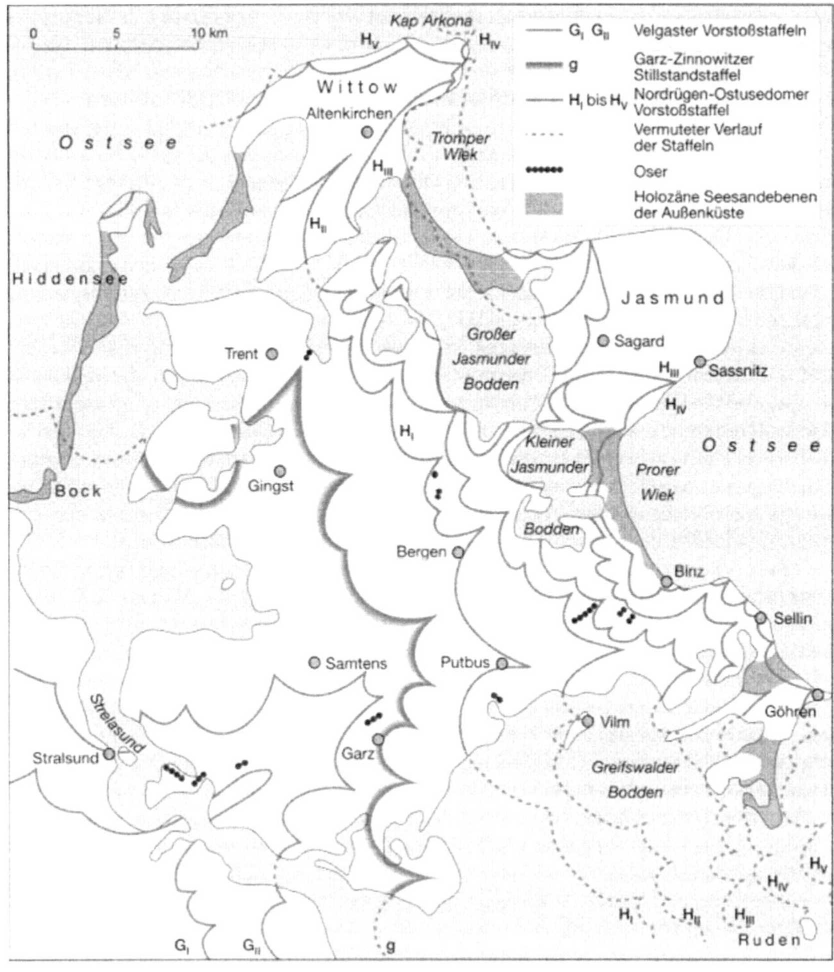

Abb. 4: Eisrandlagen des weichselspätglazialen Inlandeises auf Rügen

4   Zusammenfassung

Wenn man sich die Entstehung Rügens nun noch einmal überlegt, ist es erstaunlich, dass die Insel Rügen, so wie wir sie kennen, im Großen und Ganzen erst innerhalb der letzten 10000 Jahre entstanden ist. Erdgeschichtlich gesehen ist Rügen somit noch ein Küken. Wie bereits erwähnt kommt es auch heute noch, z.B. bei Sturmfluten, zu Veränderungen an der Form Rügens. Erst vor kurzem (24.02.2005) löste sich ein großes Stück Kreide aus den Wissower Klinken und viel in die Ostsee, wobei sich das Aussehen der Klinken stark verändert hat. Aber die Veränderung der Küsten ist nicht nur natürlicher Ursache, denn der Mensch trägt auch seinen Teil dazu bei. Durch die Wegnahme großer Geröllstücke von den Küsten vor den Kreidefelsen, kann nun die Brandung ungebremst auf die Küste einwirken und ihre Spuren hinterlassen. Dadurch steigt die Gefahr für weitere Abbrüche der Kreide und wir müssen aufpassen, dass nicht das Wahrzeichen Rügens weiter zerstört wird. Wir zerstören nämlich auch gleichzeitig damit ein Stück eiszeitliche Geschichte.

Literatur:

BAUER, J., W. ENGLERT, U. MEIER, F. MORGENEYER & W. WALDECK (2002): Physische Geographie kompakt. Heidelberg/Berlin: Spektrum Akademischer Verlag.

BÜTOW, M. & R. LAMPE (1991): Exkursion 9. In: GREIFSWALDER GEOGRAPHEN (1991): Exkursionsführer Mecklenburg Vorpommern. Braunschweig: Verlags-GmbH Höller und Zwick, 131-145.

DUPHORN, K., H. KLIEWE, R.-O. NIEDERMEYER, W. JANKE & F. WERNER (1995): Sammlung geologischer Führer. Die deutsche Ostseeküste. Stuttgart: Gebrüder Borntraeger.

GEIßLER, L. (2005): Die deutsche Ost- und Nordseeküste aus geologischer Sicht. <http://134.76.163.148:8080/dspace/bitstream/gledocs-96/1/Die_deutsche_Ost_und_ Nordseek%C3%BCste_aus_geologischer_Sicht.pdf> (Zugriff: 2007-08-01).

IKZM-D (2003): Rügen. Geologie. <http://www.ikzm-d.de/main.php?page=19,350> (Stand: o. A.) (Zugriff: 2007-08-01).

KATZUNG, G., H. HÜNEKE & K. OBST (1995): Geologie des südlichen Ostseeraumes.- Terra Nostra 95, 6.

KATZUNG, G. (2004): Geologie von Mecklenburg-Vorpommern. Stuttgart: Schweizerbart'sche Verlagsbuchhandlung.

KOPPE, W. (2003): Glaziale Formen. <http://klett-verlag.de/sixcms/list.php?page =geo_infothek&node=Glaziale+Formen&article=Infoblatt+Glaziale+Serie> (Stand: 2006-01-27) (Zugriff: 2007-08-10).

LESER, H., H.-D. HAAS, T. MOSIMANN & R. PAESLER (2001[12]): Wörterbuch Allgemeine Geographie. München: Deutscher Taschenbuch Verlag GmbH & Co.

LIEDTKE, H. & J. MARCINEK (2002³): Physische Geographie Deutschlands. Gotha: Justus Perthes Verlag GmbH.

LUDEWIG, J. (2007): Kreideküste von Jasmund auf der Insel Rügen. <http://www.killikus.de/kreidekueste-ruegen-ostsee/> (Stand: 2007-01-30) (Zugriff: 2007-07-27).

LUDWIG, A. O. (1964): Stratigraphische Untersuchung des Pleistozäns der Ostseeküste von der Lübecker Bucht bis Rügen.- Geologie 64, 42.

NESTLER, H. (2002⁴): Die Fossilien der Rügener Schreibkreide. Hohenwarlsleben: Westarp Wissenschaften.

REINICKE, R. (2004⁵): Rügen. Strand & Steine. Schwerin: Demmler Verlag.

TECHNISCHE UNIVERSITÄT DRESDEN (o.A.): Quartär des Norddeutschen Tieflandes – Bereich der Ostsee. <http://www.tu-dresden.de/biw/geotechnik/geologie/studium/download/reggeol/abschnitt32.pdf> (Stand: o.A.) (Zugriff: 2007-08-10).